Joseph Grasset

La Doctrine
vitaliste de la vie

Essai

ISBN : 978-1981458462

10 9 8 7 6 5 4 3 2 1

Joseph Grasset

La Doctrine vitaliste de la vie

Essai

Table de Matières

La Doctrine vitaliste de la vie

A chacune des grandes étapes de la marche en avant de la biologie et de la physicochimie, la discussion s'est rouverte, souvent âpre et aiguë, entre les vitalistes et les non-vitalistes : les vitalistes, qui séparent complètement les êtres vivants des corps bruts et distinguent nettement les phénomènes et les lois biologiques des phénomènes et des lois physicochimiques ; et les non-vitalistes, pour lesquels il n'y a qu'une science, la physicochimie, dont la biologie est un chapitre, la transition étant continue et insensible entre les corps bruts et les êtres vivants, dont l'étude doit être confondue dans un monisme général.

Les merveilleuses découvertes de ces diverses sciences dans les derniers cinquante ans, loin d'éteindre la querelle et de faire naître la solution définitive et universellement acceptée, ont rajeuni et renouvelé les arguments et donné un regain d'actualité à la question.

Les affirmations monistes restent aussi absolues.

M. Le Dantec considère « comme démontré, » « dans l'état actuel de la science, » « que toutes les manifestations de la vie élémentaire des corpuscules vivants sont des manifestations de leurs propriétés chimiques, que leurs mouvements sont dus à des réactions chimiques ; » et il conclut que, « dans ce qui frappe nos sens au cours de l'observation des êtres vivants, rien n'est en dehors des lois naturelles établies pour les corps bruis (chimie et physique). »

Contre cette assertion des non-vitalistes, je crois qu'il est scientifiquement permis de maintenir la vieille conception vitalistes de la vie. Je ne prétends pas qu'il soit antirationnel de supposer qu'un jour on trouvera le moyen de passer d'un corps brut à un corps vivant et par suite d'unifier la biologie et la physicochimie. Je n'établis pas entre ces deux sciences la barrière définitivement infranchissable que j'admets entre la biologie et la momie ou la métaphysique. Mais je déclare et je vais essayer de démontrer que, dans l'état actuel de la science, la biologie ne doit pas être identifiée aux sciences physicochimiques, n'est pas un chapitre de la physicochimie. J'ajouterai même que les plus récents progrès de la science, loin d'infirmer cette conclusion, ont fourni de nouveaux et puissants arguments à la thèse vitaliste,[1] en permettant de compléter et de mieux préciser les caractères qui différencient les êtres vivants des corps bruts.

Une première remarque est nécessaire pour dissiper, dès le début, un malentendu qui pèserait lourdement sur toute la discussion ultérieure.

Il ne faut pas chercher (et personne n'a jamais voulu donner) dans la doctrine vitaliste une explication ou même un essai d'explication des phénomènes vitaux. Il s'agit uniquement d'un principe de classification des sciences, principe contraire à celui des monistes, principe en vertu duquel on sépare les phénomènes biologiques des phénomènes physicochimiques, on leur découvre des lois différentes et on en fait l'objet de sciences distinctes : la biologie et la physicochimie.

Même réduit à ce rôle de principe de classification, le vitalisme reste important et utile.

La science tout entière n'est-elle pas faite de disjonctions et de rapprochements, logiques et démontrés ? Œrsted et Ampère n'ont-ils pas fait faire à la science un progrès considérable et fécond, en rapprochant les phénomènes magnétiques des phénomènes électriques, sans avoir la prétention de donner l'explication des uns ou des autres ?

Deuxième remarque préliminaire : je laisserai constamment de côté et ne prononcerai plus les mots irritants et inutiles de principe vital ou de force vitale. En se reportant à l'époque où écrivait Barthez, je crois que, dans la pensée de l'illustre chancelier de l'Université de Montpellier, ces mots n'avaient pas d'autre sens que celui qui est donné aujourd'hui au mot énergie. Mais, comme on les a dénaturés par la suite, comme on a discuté la nature ontologique de ce principe, son identité ou sa confusion avec le principe de la pensée ; qu'on a prononcé les mots d'âme de seconde majesté qui ont servi de prétexte aux quolibets et qu'on ne peut pas discuter avec et sur des plaisanteries ; que tout cela est d'ailleurs questions de philosophie et querelles de philosophes, alors que je

---

1 Sur les diverses formes du vitalisme jusqu'aux plus récentes (néovitalisme), voyez le beau livre de M. Dastre, *la Vie et la Mort*, dont la plus grande partie a paru dans la *Revue* et les Rapports de Reink et de Giard au IIe Congrès international de philosophie à Genève (1904).

veux exclusivement rester sur le domaine de la biologie qui est le mien, — je préfère ne pas soulever la question de la nature ontologique du principe de la vie, et je préviens, une fois pour toutes, qu'on serait déçu si on s'attendait à trouver, dans cet article, des déclarations ou des applications de doctrines philosophiques.

Quoique j'aie mes idées personnelles (que je n'ai jamais cachées) en philosophie et en religion (ce qui me paraît être le droit et le devoir de chacun), cet article ne reflétera aucune doctrine de ce genre ; si elles leur paraissent justes, mes conclusions pourront être adoptées par tous les lecteurs, quelle que soit l'opinion philosophique de chacun d'eux.

Cela posé, on peut dire que tout le monde est actuellement d'accord pour admettre que les êtres vivants présentent, tant qu'ils vivent, et parce qu'ils vivent, des caractères spéciaux qui les rapprochent des autres êtres vivants et les distinguent de leurs cadavres et des matières brutes inorganisées.

Certes on sait (et, quoique Claude Bernard ait, mieux que tous, démontré la chose, on peut bien dire qu'on le savait avant lui), on sait que les êtres vivants n'échappent pas aux lois physicochimiques : ce sont les mêmes matériaux qui constituent l'être vivant et la matière brute, ce sont les mêmes forces qui régissent l'un et l'autre. Mais il n'en est pas moins vrai qu'il y a quelque chose qui distingue l'organisme avant la mort du même organisme après la mort.

Ainsi les physiciens connaissent très bien, sous le nom de lois de l'osmose, les règles en vertu desquelles deux solutions de richesse moléculaire différente, séparées par une membrane perméable, se mettent en mouvement l'une vers l'autre jusqu'à ce que la richesse moléculaire soit la même des deux côtés de la membrane.

Dans l'intestin, les aliments digérés sont séparés ainsi du sang où ils doivent pénétrer par une membrane perméable ; les lois de l'osmose devraient s'appliquer. Il n'en est rien. L'absorption du bol alimentaire par la paroi intestinale est vraiment un acte vital des cellules épithéliales de cette paroi ; ces cellules s'emparent, par leurs prolongements, semblables aux pseudopodes des êtres unicellulaires (amibes), des corpuscules graisseux, les prennent dans leur intérieur, les modifient et puis les rendent, de l'autre côté, dans la lymphe. Quand ces cellules sont détruites ou altérées par la maladie, l'absorption ne se fait plus et, en vertu des lois de l'osmose (alors appliquées), le courant s'établit en sens inverse, du sang vers l'intestin, où les liquides s'accumulent alors.

De même, « Chr. Bohr a étudié avec un soin extrême les échanges gazeux qui s'accomplissent entre l'air et le sang dans le poumon. Le mélange gazeux et le liquide sanguin sont en présence : une membrane mince, mais formée de cellules vivantes, les sépare. Cette membrane va-t-elle se comporter comme ferait une membrane inerte, dépourvue de vitalité, et suivant par conséquent les lois physiques de la diffusion des gaz ? — Non ; elle ne se comporte point ainsi : les mesures les plus soigneuses de pressions, de solubilités, ne laissent point de doutes à cet égard. Les éléments vivants de la membrane pulmonaire interviennent donc pour troubler le phénomène physique. Les choses se passent comme si les gaz échangés étaient soumis, non pas à une simple diffusion, fait physique ayant ses règles ; mais à une véritable sécrétion, phénomène physiologique ou vital, obéissant à des règles, fixées aussi, mais différentes des premières (Dastre). »

A l'autre extrémité du cycle de la matière dans l'organisme, la démonstration du facteur vital est aussi évidente pour la sécrétion urinaire dans le rein.

Si le rein est un filtre, c'est un filtre vivant. Il élimine certains produits, comme l'acide hippurique, qui ne sont pas préformés dans le sang ; il ne les laisse donc pas filtrer passivement, il les fabrique. Dans les matériaux du sang, il choisit, pour en débarrasser l'organisme, soit le sel (chlorure de sodium) soit l'urée ; il refuse au contraire d'éliminer d'autres produits comme le sucre normal du sang que les lois ordinaires de l'osmose devraient faire passer dans l'urine ; et, même pour la filtration de l'eau, le rein n'obéit pas aux lois de l'osmose et affirme ainsi, en tout, sa vitalité propre, agissante et effective.

De même, quand l'alimentation apporte au sang une grande quantité de sucre, après un repas de jour de l'an par exemple dans lequel on a mangé beaucoup de marrons glacés, si l'organisme obéissait aux seules lois physicochimiques, le sucre devrait s'accumuler dans le sang ; le sang devrait en contenir plus qu'à l'état normal ; le rein devrait éliminer cet excès, et on devrait devenir momentanément diabétique.

Il n'en est rien. L'organisme règle l'apport et la circulation du sucre suivant les besoins de sa consommation, de ses tissus et de leurs combustions. S'il en arrive en excès, comme après le repas de sucreries cité plus haut, certains organes (le foie surtout) transforment tout l'excédent de ce sucre actuellement inutile, le transforment en un sucre de réserve (glycogène) et le fixent dans leurs propres cellules et dans divers tissus. Plus tard, quand les besoins de l'organisme exigent une nouvelle quantité de sucre circulant, les tissus transforment de nouveau ce glycogène (sucre fixe de réserve) en glycose (sucre circulant de consommation). Et ainsi, la teneur du sang en sucre reste toujours la même, quoique l'apport des féculents et des sucres par les repas soit essentiellement intermittent et variable.

Voilà une série de phénomènes vitaux que l'on ne comprendrait absolument pas si on ne voulait appliquer à leur étude et à leur explication que les lois de la matière brute.

Il y a donc une différence entre les phénomènes physicochimiques et les phénomènes vitaux. Peut-on préciser et caractériser cette différence ?

L'ancienne formule reste toujours vraie : chaque être vivant forme un individu qui naît, croît, se reproduit, décroît et meurt.

L'évolution ainsi définie n'appartient qu'aux êtres vivants. On répète souvent le contraire ; mais l'assertion ne me paraît pas scientifiquement établie, pas plus pour les cristaux que pour les pierres.

Déjà Cardan disait au XVIe siècle : « Non seulement les pierres vivent, mais elles souffrent la maladie, la vieillesse et la mort. »

Développant ce mot, qu'il trouve juste, M. Thoulet dit, dans une leçon sur « la Vie des minéraux : » « Le cristal tout formé semble quelquefois se douter qu'il existe un idéal, la symétrie parfaite, l'ellipsoïde du système cubique qui est une sphère ; il le cherche, il s'en approche et, s'il ne peut y parvenir, il triche, il joue la comédie, il se déguise ; tout comme, parmi les hommes, plus d'un s'efforce de jouer le personnage qu'il n'est pas. Le minéralogiste s'en tirera ou ne s'en tirera pas ; les petits cristaux savourent en silence leur gloire usurpée et ne s'inquiètent guère du reste. »

Je ne me permettrai pas de suivre l'exemple de Naville qui qualifie de « bouffon » ce tableau « des cristaux volontairement déguisés » qui « se moquent des embarras du minéralogiste. »

D'un savant comme M. Thoulet l'étude est sérieuse ; mais alors on ne peut considérer la chose que comme une allégorie, une comparaison et ceci est dangereux en science parce que certains peuvent prendre pour scientifique et démontré ce qui ne l'est pas. Ce passage amusant de M. Thoulet n'est pas scientifique, n'appartient en rien à la science positive. C'est de l'anthropomorphisme par en bas comme les positivistes reprochent tant aux métaphysiciens d'en faire par en haut.

La reproduction est aussi un des caractères spécifiques les plus nets de la vie et des êtres vivants : omne vivum ex vivo. Un individu vivant vient toujours d'un autre individu vivant.

Berthelot et tous les chimistes ont réalisé une série d'admirables synthèses. Mais toutes sont « inertes et mortes. » Comme M. Fonsegrive l'a dit très justement, « sans elles la vie ne peut être, mais avec elles seules elle ne peut se montrer. »

Jamais on n'a pu faire, avec des matières brutes, la synthèse d'un être vivant, quelque humble qu'on le suppose dans la série. On se rappelle l'inanité des récents et bruyants essais faits dans ce sens.[1]

Il y a un demi-siècle, on croyait à la génération spontanée de quelques espèces inférieures : les expériences mémorables de mon maître Bechamp et de Pasteur ont définitivement ruiné cette hypothèse.

Où trouvera-t-on, dans les transformations de mouvements physicochimiques, quelque chose qui ressemble à la génération ? En réponse à Descartes, qui assimilait les animaux à des machines, Fontenelle faisait remarquer qu'en mettant ensemble une machine-chien et une machine-chienne, il en naissait une autre petite machine ; tandis qu'en mettant deux montres à côté l'une de l'autre on ne les avait jamais vues se multiplier. C'est peut-être plus spirituel que profond ; mais il n'en est pas moins vrai que rien dans le monde minéral ne peut être raisonnablement comparé à la génération, fût-ce même la cristallisation.

---

1 Sur cette question en général et plus spécialement sur les expériences de Leduc, voyez : *Peut-on produire artificiellement la matière vivante* ? par le docteur L. Perrier, professeur à la faculté libre de théologie de Montauban.

Grâce à cette propriété, on peut dire que la fin de la vie n'est pas la mort ; la vie ne meurt pas. Seul, l'individu meurt et, avant de mourir, il s'est reproduit et la vie continue dans le nouvel être engendré. Pour le physiologiste et le médecin, la vie n'a pas de fin ; elle se continue, d'individu en individu, à travers les générations successives.

A travers cette perpétuité de l'espèce, l'individu lui-même se continue par l'hérédité : cette empreinte héréditaire qui, obscure mais déjà présente dans l'ovule, le développe et le dirige dans une voie donnée et fait reproduire à un individu le type de sa race et trop souvent la maladie de sa famille. C'est là un caractère qui achève de personnifier l'individu vivant en le prolongeant, pour ainsi dire, à travers le temps.

Et, avec le nouvel être qui naît, se ferme et recommence le cercle de la vie, semblable au serpent enroulé dont les extrémités se rejoignent et se continuent, qui n'a ni fin ni commencement, mais qui se perpétue dans une admirable pérennité.

C'est le cercle des coureurs lampadophores de l'antiquité, dans lesquels Platon, Lucrèce et... M. Paul Hervieu ont vu l'image même des générations de la vie : « chaque concurrent courait, sans un regard en arrière, n'ayant pour but que de préserver la flamme qu'il allait pourtant remettre aussitôt à un autre » et qui ne s'éteignait jamais.

L'être vivant est donc une unité à part, qui se distingue de toutes les autres unités vivantes et qui ne se noie pas, comme la matière brute, dans le monde inorganique ; celui-ci n'ayant d'unité que quand on prend l'univers dans son ensemble. Deux blocs de bois ne diffèrent pas plus l'un de l'autre que deux morceaux d'un même bloc de bois, tandis que deux êtres vivants diffèrent entre eux du tout au tout ou au moins sont absolument distincts l'un de l'autre ; ce sont deux individualités. A cette conception fondamentale de l'individualité et de l'unité de l'être vivant, on a objecté les faits de division spontanée ou expérimentale d'un individu en plusieurs. Ainsi Vulpian, citant les expériences de Trembley sur les polypes d'eau douce, ajoutait : « Pour nous, dire que le principe vital est divisible, c'est dire qu'il n'existe pas. » — Pourquoi ? c'est au contraire un des caractères spécifiques de l'être vivant de pouvoir ainsi donner naissance à plusieurs êtres vivants par des procédés divers de reproduction.

D'ailleurs l'unité vivante de chaque individu est faite d'une multitude d'unités vivantes élémentaires. L'homme est une somme d'unités vitales, a dit Virchow. La formule est vraie, si on ajoute immédiatement que cette somme harmonisée et unifiée forme à son tour un individu, une unité vitale plus élevée.

La vie locale de tous les éléments de nos tissus est absolument indiscutable ; tous les phénomènes de nutrition, qui se passent dans nos tissus, peuvent être ramenés à cette vie locale. Ce qui a fait adopter à M. Bouchard « cette formule où se condense toute la pensée d'Aristote : la nutrition, c'est la vie. »

C'est par des actes de vie locale que l'oxygène de l'air absorbé dans le poumon passe dans le sang, se fixe sur les globules rouges qui le transportent dans les tissus où il va produire les combustions, faire naître de l'eau et de l'acide carbonique qui sont ensuite éliminés.

C'est par des actes de vie locale que l'énergie extérieure est accueillie par le système nerveux sous ses diverses formes de chaleur, lumière, son, est emmagasinée ou transformée dans les centres et de là est émise de nouveau sous forme de phénomène psychique ou moteur, de mot écrit ou parlé.

Toutes les fonctions de nos divers organes sont le résultat de cette vie locale : digestion, respiration, sécrétions externes et sécrétions internes… tout cela revient aux processus divers de vie locale. Si le pancréas, par exemple déverse dans l'intestin grêle son suc qui peptonise les albuminoïdes, saccharifie les hydrocarbones et saponifie les graisses, et s'il déverse dans le sang son ferment diastasique dont l'absence fait apparaître la glycosurie, c'est par une action vitale locale, par la vie de ses éléments tissulaires.

Donc, dans l'unité vitale de l'individu humain, il y a une multitude d'unités vitales élémentaires. Seulement, si chacun de ces éléments paraît vivre et vit pour son compte, ils sont tous reliés entre eux par une unité puissante ; toutes les vies locales sont solidaires les unes des autres, leur fonctionnement est coordonné et réglé par et pour la vie de l'individu.

Ceci apparaît par exemple nettement pour l'appareil circulatoire.

On compare souvent le cœur à une pompe aspirante et foulante qui règle la circulation générale, alors que les petites artères, grâce aux muscles contractiles que contiennent leurs parois, seraient des robinets réglant les circulations locales.

Avec cette conception simpliste, quand un obstacle surgit dans la circulation, on prévoit seulement une augmentation de pression en amont et une diminution de pression en aval, comme dans la rivière, au milieu de laquelle on élève un barrage et dont la source ne modifie naturellement pas son débit en conséquence. En réalité, il en est tout autrement.

Dans l'appareil circulatoire vivant, le cœur, prévenu par le système nerveux de la présence de l'obstacle périphérique, modifie son fonctionnement, se contracte plus rarement et plus profondément, avec plus d'énergie, adapte son activité aux nécessités actuelles de la circulation. L'action vitale est réciproque entre le cœur et les vaisseaux ; et ceux-ci à leur tour règlent leur résistance suivant l'impulsion cardiaque.

Ainsi sont assurés chez l'homme vivant : l'unité de la circulation, l'équilibre de la distribution sanguine, le niveau normal de la tension artérielle, en somme l'adaptation de la fonction circulatoire aux besoins actuels de l'organisme.

Comme autre exemple de cette unification des vies locales dans la vie totale de l'individu, je citerai la thermorégulation, cette nécessaire fonction qui permet aux animaux dits à sang chaud (c'est-à-dire à température constante, animaux homéothermes) de maintenir leur sang à une température toujours uniforme, au milieu d'oscillations thermiques extérieures qui dépassent parfois cinquante degrés.

Quand il fait froid, les vaisseaux de la peau se resserrent pour diminuer la déperdition de chaleur et les oxydations augmentent dans tous les tissus pour accroître la production. Quand il fait chaud au contraire, les combustions diminuent et surtout la dilatation des vaisseaux de la peau augmente, une sueur abondante est sécrétée et s'évapore, et ainsi la déperdition de la chaleur est fortement accrue.

On remarquera que cet effet de la chaleur et du froid sur l'être vivant (à sang chaud) est précisément l'inverse de celui que les mêmes agents physiques produiraient sur un corps brut. Le froid extérieur refroidit le corps brut et échauffe l'animal vivant en lui faisant produire plus de chaleur ; le chaud extérieur échauffe le corps brut et refroidit l'animal vivant en lui faisant perdre plus de chaleur.

Enfin je citerai encore, comme dernier exemple de ce fait, l'histoire curieuse du chlore et du sel marin dans l'économie et ce que l'on appelle l'équilibre osmotique du sang.

Dans des travaux très remarqués, M. Quinton a attiré l'attention sur la loi de constance osmotique originelle, analogue à la loi de constance thermique originelle.

Les animaux auraient commencé à vivre dans un milieu salin originel fixe, à 8 ou 9 de chlorure de sodium (sel marin) pour 1 000. A travers les temps géologiques entiers, les animaux qui ne vivent plus dans un milieu extérieur salé maintiennent pour leur milieu intérieur ce taux salin primitif de leur milieu extérieur originel, en vertu de cette loi de la vie : « En face des variations de tout ordre que peuvent subir au cours des âges les différents habitats, la vie animale, apparue à l'état de cellule dans des conditions physiques et chimiques déterminées, tend à maintenir, pour son haut fonctionnement cellulaire, à travers la série évolutive, ses conditions des origines. »

Quoi qu'il en soit de cette loi générale, qui reste une hypothèse explicative, un fait reste certain : le milieu intérieur de l'homme (sang et liquide interstitiel des tissus de nos organes) a un équilibre osmotique fixe, c'est-à-dire qu'il garde toujours la même force de diffusion et d'échange avec le milieu extérieur ; il y a une fonction régulatrice de cet équilibre osmotique et, comme le chlorure de sodium est l'agent principal de cette régulation, la teneur en sel marin reste constante et fixe, quel que soit l'apport de ce sel par l'alimentation.

Si une alimentation plus salée ou même une injection d'eau salée apporte au sang plus de sel qu'il n'en faut pour maintenir sa tension osmotique normale, les éléments des tissus, dans leurs processus de vie locale, prennent ce sel autour d'eux ou à leur intérieur, le gardent en réserve, puis le donnent de nouveau au sang, quand de nouvelles circonstances tendraient à faire baisser la tension osmotique au-dessous du chiffre normal.

Et ainsi le chlorure de sodium a une grande importance dans la vie, quoiqu'il circule sans être chimiquement modifié. C'est, dit M. Achard, une sorte de monnaie qui sert aux échanges de l'organisme comme le même sel marin sert aux échanges des caravanes.

On voit comment toutes ces vies locales concourent à la vie totale de l'individu et combien cette conception et cette étude des vies locales ne diminuent pas et corroborent au contraire, en la précisant, la notion de la vie de l'homme entier, de l'individu. C'est toujours l'unum et plura des Pythagoriciens ou plutôt l'unum e pluribus.

« Comment oser appeler unité, dit M. Le Dantec, un ensemble aussi complexe qu'un homme formé de plus de soixante millions de cellules appartenant à des types aussi différents ? » C'est précisément là, en fait, une caractéristique de la vie : l'unité fonctionnelle, avec une extrême complexité organique.

La mort disjoint toutes ces parties, supprime l'unité ; et le cadavre n'est plus que la juxtaposition, sans individualité, des soixante millions de particules matérielles qui le composent.

Ce qui caractérise la vie, c'est donc précisément de faire l'unité dans la complexité, de constituer un individu avec des particules disparates.

Cette influence de la vie générale d'un individu sur ses vies locales est si importante qu'elle s'exerce même sur la vie locale d'éléments transplantés d'un individu à un autre.

Vulpian avait objecté à la conception vitaliste les faits de greffe animale : la queue d'un rat, insérée par Paul Bert sous la peau d'un autre rat, s'y greffe et y vit ; cette queue fait désormais partie de ce second individu, dont l'unité vitale s'assimile et dirige ces vies locales. Il en est de même des expériences dans lesquelles Ollier montre le périoste faisant de l'os quand il est inséré dans le tissu cellulaire sous-cutané.

Dans tous ces faits il n'y a rien de contradictoire à la doctrine de l'unité vitale de l'individu.

C'est la confirmation et la démonstration, tous les jours plus scientifiques, de ce passage de Claude Bernard : « En admettant que les phénomènes (vitaux) se rattachent à des manifestations physico-chimiques, ce qui est vrai, la question, dans son essence, n'est pas éclaircie pour cela. Car ce n'est pas une rencontre fortuite de phénomènes physicochimiques qui construit chaque être sur un plan et suivant un dessin fixes et prévus d'avance et suscite l'admirable subordination et l'harmonieux concert des actes de la vie. Il y a, dans le corps animé, un arrangement, une sorte d'ordonnance que l'on ne saurait laisser dans l'ombre parce qu'elle est véritablement le trait le plus saillant des êtres vivants… en sorte que si, considéré isolément, chaque phénomène de l'économie est tributaire des forces générales de la nature, pris dans ses rapports avec les autres, il révèle un lien général, il semble dirigé par quelque guide invisible dans la route qu'il suit et amené dans la place qu'il occupe. »

Voilà l'opinion du plus grand physiologiste du XIXe siècle : la biologie est bien une science à part ; elle a pour objet l'étude des êtres vivants, l'évolution vitale, leur idée directrice, leur lien spécial… Cela n'appartient ni à la physique, ni à la chimie.

C'est donc toujours la vieille formule traditionnelle que l'on connaît depuis Hippocrate : consensus unus…, soigneusement maintenue et toujours enseignée dans notre vieille Ecole montpelliéraine, au milieu des sarcasmes et des quolibets des autres écoles, des philosophes et des médecins.[1]

On peut bien ajouter que tous les travaux récents n'ont fait que confirmer cette doctrine ; ils l'ont même développée et précisée.

Car, de l'ensemble magnifique des travaux, dont Pasteur a été l'initiateur glorieux, est sortie la démonstration d'une nouvelle caractéristique de la vie, caractéristique qui est tout à fuit de premier plan.

C'est la propriété que j'ai proposé d'appeler d'un seul mot : l'antixénisme ou fonction antixénique, c'est-à-dire la lutte contre l'étranger.

« Etre, c'est lutter, a dit M. Le Dantec ; vivre, c'est vaincre. » « Chacune des espèces successives que décrivent la paléontologie et la zoologie fut, dit M. Bergson, un succès remporté par la vie. » De même, pour chaque individu, la vie est une bataille dont l'issue n'est définitivement désastreuse pour le sujet que le jour de sa mort.

1 Broussais parlait des « tristes suppôts de la vieille école de Montpellier » et accusait Barthez de reporter la médecine « dans les nues. » Le système sanguinaire de Broussais est oublié depuis longtemps…. pour le plus grand bien des malades, et la doctrine vitaliste de Barthez et de l'École de Montpellier réapparaît, tous les jours plus scientifiquement défendable.

Les rapports de l'être vivant avec l'étranger ne sont cependant pas, nécessairement et toujours, des rapports de bataille, de lutte et de guerre. Dans le milieu extérieur, notre organisme prend constamment de la matière et de l'énergie qui sont indispensables à l'entretien et à l'accroissement de sa vie. Donc, d'abord il vit de l'étranger.

Mais, de ce même milieu extérieur, lui viennent des étrangers inutiles, inassimilables, nuisibles, qui ne portent dans l'organisme où ils pénètrent que des éléments de dissolution, de maladie et de mort. Contre ces étrangers, qui sont et restent toujours des étrangers hostiles et dangereux, l'organisme humain est merveilleusement armé.

Modèle naturel et prototype des sociétés humaines (famille, patrie), le corps humain a, pour se préserver des invasions étrangères, un corps de police merveilleusement organisé pour le temps de paix, c'est-à-dire de santé, et une armée, forte et disciplinée, pour le temps de guerre, c'est-à-dire de maladie.

L'étranger à combattre se présente sous deux formes : sous la forme d'énergie et sous la forme de matière (inorganisée ou vivante).

Contre l'énergie extérieure (lumière, son, chaleur), qu'il utilise largement, l'organisme est obligé de lutter pour en régler l'arrivée, pour l'emmagasiner, pour la dépenser au fur et à mesure des besoins, pour se défendre contre ses écarts brusques ou son intensité trop grande, pour modifier ses formes qui ne sont pas directement utilisables... Car c'est avec ces formes vulgaires de l'énergie qu'il fait les actes psychiques les plus élevés et les plus complexes.

Contre cette énergie étrangère et nuisible, l'organisme se défend surtout aux portes d'entrée.

C'est par le système nerveux que l'énergie pénètre dans notre économie sous forme de lumière, son, chaleur... et toutes vibrations perceptibles par nos nerfs. Si à une de ces portes sensorielles se présente tout d'un coup une trop grande quantité d'énergie, le corps humain se défend.

Ainsi, pour la lumière, si elle arrive trop intense et trop brusque, les paupières se ferment automatiquement ou tout au moins la pupille se rétrécit (toujours par réflexe) à la façon d'un écran ou d'un diaphragme, et la lumière ne pénètre qu'en quantité beaucoup moindre.

Pour le son, il y a un appareil d'accommodation tout à fait semblable : le muscle du marteau, en se contractant, tend la membrane du tympan, la fait saillir dans la caisse et augmente la pression intralabyrinthique, tandis que le muscle de l'étrier, par sa contraction, produit un effet inverse : ainsi, à l'arrivée d'un son trop éclatant, l'oreille se défend et évite l'éblouissement auditif.

J'ai déjà parlé de la lutte contre la chaleur extérieure et de l'appareil thermorégulateur qui permet à l'organisme de se défendre contre les variations de température extérieure et de maintenir le sang et tout le corps au même degré thermique, en été comme en hiver, au pôle et à l'équateur.

Voilà bien des exemples d'antixénisme vital contre l'énergie étrangère.

Comme antixénisme contre la matière, j'ai déjà cité la faculté qu'a l'organisme de maintenir à un taux toujours le même la teneur de son sang en sucre, chlorure de sodium… Ainsi apparaît ce caractère essentiel de la vie : fixité du type (de l'espèce et de l'individu) et effort immédiat et continu de l'être vivant vers la reconstitution de ce type, toutes les fois qu'une circonstance quelconque en a troublé l'équilibre normal.

Mais bien plus importante, plus complexe et plus intéressante est la lutte de l'organisme contre la matière étrangère vivante, contre les germes vivants de maladies, contre les microbes. C'est là surtout qu'apparaît, intense et féconde, la fonction antixénique de l'homme vivant.

Il y a d'abord la défense des frontières : dans l'appareil respiratoire, dans le tube digestif, à la peau, dans tous les organes en contact avec le milieu extérieur et pouvant servir de portes d'entrée à l'étranger.

Normalement, l'air qu'on respire et que nous supposons chargé de microbes nocifs doit passer d'abord par les fosses nasales, Là, il trouve une filière étroite et tortueuse qui non seulement réchauffe cet air extérieur avant son entrée dans le larynx, les bronches et le poumon, mais encore le purifie. Les microbes sont arrêtés sur les « saillies, les angles, les poils » qui sont dans le nez. Si, en effet, on fait agir sur un bouillon de culture stérile, d'un côté l'air avant son entrée dans le nez, de l'autre, l'air après sa circulation à travers les fosses nasales, on voit une grande différence entre les deux, au point de vue de la richesse microbienne.

De plus, le mucus, qui se trouve dans ces mêmes conduits, non seulement agglutine et retient les microbes, mais encore les altère, les détruit, ou au moins leur enlève leur activité nocive. La bactéridie charbonneuse devient incapable de tuer le cobaye quand elle a séjourné quelques heures dans le mucus (Charrin).

Si le microbe pénètre dans les bronches, il y est encore arrêté, par les cils vibratiles notamment qui sont à la surface ; il est altéré ou détruit par les sécrétions bronchiques. Enfin le revêtement épithélial qui tapisse l'intérieur de l'arbre aérien empêche la pénétration des microbes dans la circulation.

Tyndall a constaté la pureté microbienne de l'air expiré et Gamaleia a montré que des microbes, déposés dans l'arbre aérien, restent latents et n'agissent que quand on a dilacéré la muqueuse et permis ainsi leur pénétration.

Si, au lieu d'aborder l'organisme par l'appareil respiratoire, le microbe cherche à pénétrer par le tube digestif (apporté alors par les aliments, comme le lait d'une vache tuberculeuse), il se heurte encore là à une série de moyens de défense, dont le tube digestif est hérissé dans toute sa hauteur, depuis la bouche jusqu'à la partie inférieure de l'intestin.

Partout il y a des glandes, comme les glandes salivaires, les glandes de l'estomac ou de l'intestin, dont la sécrétion balaie mécaniquement et entraîne jusqu'à l'extérieur les microbes nocifs et aussi les transforme, les altère, annihile leurs poisons. Partout il y a un revêtement épithélial étanche (tant qu'il est vivant) qui empêche les microbes de pénétrer dans la circulation.

La pénétration n'aura lieu que si le tube digestif est malade, si la résistance vitale est diminuée. La plupart des cas de fièvre typhoïde par ingestion d'huîtres proviennent de ce mécanisme : l'huître mauvaise détermine une entérite, et alors, l'intestin malade laisse pénétrer le bacille d'Eberth, agent pathogène de la fièvre typhoïde, que la même eau apportait sans dommage les jours précédons à un intestin sain et résistant et qui ne pouvait pas pénétrer. Au même mécanisme appartiennent les rapports de fréquence si souvent constatés entre la fièvre typhoïde et les embarras gastro-intestinaux de l'été, spécialement dans les climats chauds.

Toujours à la frontière, si le revêtement extérieur (épithélium ou épiderme) est franchi, une première bataille se livre sur place et peut suffire à repousser ou à détruire l'ennemi par une lésion locale curable : enkystement ou suppuration. C'est ce qui arrive quand une piqûre anatomique s'épuise localement par un tubercule cutané.

Puis, si les frontières sont manifestement franchies, l'étranger rencontre les ganglions lymphatiques, qui livrent bataille, se tuméfient et peuvent arrêter l'invasion et limiter le mal.

Si cette barrière intérieure est vaincue, les microbes arrivent dans le sang et, de là, dans les tissus de nos divers organes. Là, ils sont retenus par le premier réseau capillaire qu'ils rencontrent ; puis ils subissent le gus assaut des globules blancs du sang, leucocytes ou phagocytes (cellules blanches, cellules qui mangent). Tout le monde connaît bien aujourd'hui cette bataille qui se termine par la phagocytose des étrangers : une victoire à la façon des anthropophages.

Partout, dans le sang, dans la plupart de nos organes, il y a un grand nombre de ces cellules goulues qui dévorent d'autres éléments figurés, notamment les microbes.

Les leucocytes montrent même, dans cette lutte contre les microbes, un certain « flair. » Ils choisissent les microbes dangereux, à détruire ; ils arrivent sur l'intrus, « s'en emparent, l'englobent par leurs pseudopodes et le noient dans leur masse, en se mettant à plusieurs s'il est trop gros ; » puis, « le corps englobé se désagrège peu à peu et finit par disparaître entièrement ; il a été mangé et digéré par les phagocytes. »

Les choses se passent, dit M. Bouchard, comme s'il s'agissait « d'animaux monocellulaires doués de la sensibilité gustative ou olfactive. »

M. Metchnikoff, qui a découvert cette phagocytose, nous apprend que MM. Duclaux et Houx trouvèrent d'abord ces doctrines (phagocytaires) « trop vitalistes et trop peu physico-chimiques. » Mais, ajoute-t-il, avec le temps, ils ont reconnu qu'il y avait du bien-fondé dans les idées de leur collègue.

Ce n'est d'ailleurs pas là le seul moyen de défense employé par les leucocytes contre l'étranger dans le torrent circulatoire.

Quand un microbe ou un élément cellulaire étranger (comme le globule sanguin d'une autre espèce animale) pénètre dans le sang d'un animal, les leucocytes de cet animal envahi sécrètent un anticorps, c'est-à-dire une substance qui agglutine et précipite d'abord les envahisseurs et les détruit ensuite. L'action de défense peut donc se passer hors du leucocyte dans le sérum (liquide du sang) comme dans le leucocyte (phagocytose).

Le sérum ainsi modifié par les leucocytes sous l'influence provocatrice des microbes devient toxique pour ces microbes. C'est ainsi que l'animal est immunisé contre cette maladie microbienne particulière.

Ce sérum de l'animal attaqué et immunisé acquiert donc et garde après la bataille des propriétés bactéricides ou cytotoxiques : l'animal est vacciné vis-à-vis des attaques ultérieures du même ennemi.

De plus, ce sérum injecté à un autre animal facilitera la bataille de celui-ci contre le même microbe et l'aidera à guérir s'il est déjà envahi par la maladie ou le préservera des atteintes ultérieures de la maladie, s'il n'est pas encore atteint.

Ainsi, dans le sang d'un cheval immunisé par Behring et Roux contre le microbe de la diphtérie, s'est développé un contrepoison (anticorps) qui, injecté à un homme menacé ou même atteint de diphtérie, aidera cet homme à soutenir victorieusement la lutte contre le bacille diphtérique, l'empêchera de contracter la maladie ou le guérira.

Le premier effet d'un sérum, ainsi immunisé, sur les microbes correspondants est de les précipiter et de les agglutiner, puis de les annihiler et de les détruire.

M. Pfeiffer injecte une culture de vibrion cholérique dans le péritoine d'un cobaye neuf ; les microbes se multiplient rapidement et il survient une péritonite mortelle. Si le cobaye est immunisé ou vacciné contre le choléra, les microbes injectés perdent leur mobilité, leur forme allongée, se mettent en boules et ces boules mêmes ont de la tendance à se fondre, à se dissoudre dans le liquide avoisinant.

L'anticorps ainsi développé est spécial au microbe particulier qui l'a fait naître ; il est spécifique. Dès lors, on reconnaîtra qu'un malade est atteint de fièvre typhoïde quand son sérum précipitera et agglutinera les microbes de la fièvre typhoïde (bacilles d'Eberth) : c'est le sérodiagnostic de MM. Max Gruber et Widal.

Cette fonction du sérum est inséparable de la fonction des leucocytes, qui sécrètent l'anticorps en présence de l'étranger ; et non seulement ces leucocytes combattent ainsi, par divers moyens, l'ennemi qui vient s'exposer à leurs coups ; mais encore, dans certains cas, ils se portent en quelque sorte au-devant de l'envahisseur pour lui livrer bataille.

Dans les régions où il se produit une irritation microbienne, traumatique ou autre, les leucocytes affluent, traversent les parois des capillaires et combattent. S'ils sont battus et tués par les toxines microbiennes, ils forment le pus (les globules de pus sont des leucocytes ayant subi la dégénérescence graisseuse) ; s'ils l'emportent au contraire, ils se répandent à la surface de la plaie et contribuent à la formation de la cicatrice. Ils se comportent vraiment, dans le sang et dans les tissus, comme de véritables petits organismes analogues aux amibes ; seulement, tous leurs actes de vie locale sont coordonnés, dirigés et gouvernés par l'idée directrice générale de l'individu et de sa défense antixénique.

La bataille que je viens de décrire est générale ; elle se passe dans le sang et dans les tissus de tous nos organes.

Mais il y a des organes qui prennent spécialement une part plus active à la défense des points particuliers de l'organisme où la lutte est plus chaude et où les moyens de défense sont plus accumulés et plus efficaces.

J'ai déjà parlé des ganglions lymphatiques ; il faut aussi nommer le foie, qui remporte, à lui tout seul, beaucoup de victoires partielles : il faut soixante-quatre fois plus de bacilles charbonneux pour tuer un lapin si ces bacilles passent par le foie que s'ils évitent cet organe (Roger).

On comprend ainsi pourquoi beaucoup de poisons sont moins dangereux quand on les ingère par le tube digestif (passage par le foie) que quand on les injecte sous la peau (sans passage par le foie).

Quand enfin la victoire de l'organisme est définitive, les débris des envahisseurs vaincus sont « boutés dehors » par les émonctoires, spécialement par le rein, dans cet acte solennel de la crise que les anciens avaient si bien étudié. Et l'individu reste alors, non seulement maître du champ de bataille, mais encore souvent garanti par l'immunité contre de nouvelles invasions du même microbe.

Tout l'organisme intervient dans cette grande fonction antixénique, même le système nerveux dont je n'ai encore rien dit et qui est vraiment, dans cette bataille contre l'étranger, le directeur de la résistance et l'organisateur de la victoire.

On se rappelle ces deux sœurs soudées que le docteur Doyen sépara plus tard. Elles avaient été envahies par le bacille tuberculeux, alors que le sang circulait identique, de l'une à l'autre. Elles se défendirent cependant très inégalement contre le microbe : l'une était très profondément atteinte et a peu survécu à l'opération, tandis que l'autre était bien moins atteinte et a survécu plus longtemps.

Cependant, leur circulation était commune, le même sang circulait dans les deux ; il y avait des « ponts » vasculaires qui leur faisaient un seul milieu intérieur : c'étaient les mêmes leucocytes, les mêmes agents de bataille.

Pourquoi se sont-elles défendues si inégalement ? Parce que chacune avait un système nerveux propre, distinct de celui de l'autre. Elles avaient toutes deux les mêmes soldats et une armée égale à opposer au même ennemi. Ce qui différait de l'une à l'autre, c'est le général, le chef, le directeur de la manœuvre, le système nerveux.

Cet exemple fait bien comprendre le rôle du système nerveux dans l'antixénisme : il fait l'unité de la défense, il harmonise et unifie tous les efforts vers le but. Averti de l'arrivée de l'étranger sur un point, il prévient les autres parties de l'organisme, dirige et accumule les renforts sur les points attaqués et faibles ; il dilate les vaisseaux, accumule les leucocytes, arrête ou ralentit la circulation, comme Josué arrêtait le soleil, pour permettre à ses défenseurs d'anéantir tous les microbes ; puis il l'active pour balayer les cadavres et les survivants et ouvre enfin les émonctoires pour assurer la définitive évacuation du territoire par l'étranger.

C'est d'ailleurs là le rôle immense que joue le système nerveux pour toutes les fonctions de l'individu vivant ; c'est lui qui fait l'unité des vies locales et qui les systématise et les coordonne pour la vie générale. C'est le système nerveux qui prévient le cœur et les vaisseaux des résistances périphériques ou des défaillances centrales et assure la solidarité de ces divers organes. C'est le système nerveux qui, suivant les besoins de l'organisme, règle la fixation en glycogène par le foie ou la mise en circulation sous forme de glycose des matières hydrocarbonées. C'est le système nerveux qui organise la régulation de la chaleur animale et maintient la fixité de la température comme la fixité de la tension osmotique du sang…

On comprend de plus en plus ce mot de Cuvier, cité par M. Bergson : « Le système nerveux est, au fond, tout l'animal ; les autres systèmes ne sont là que pour le servir. »

De tout ce qui précède il résulte que l'antixénisme apparaît comme une des plus belles démonstrations, qui aient été données depuis longtemps, de la doctrine vitaliste de la maladie avec les vieilles notions de nature médicatrice, d'effort naturel et préservateur vers la guérison.

On ne peut plus définir la maladie par la lésion anatomique, comme l'a si longtemps soutenu l'école organicienne (dont l'enseignement a lourdement et longuement pesé sur l'Ecole de Paris).

La maladie n'est pas assimilable à l'évolution du microbe sur le terrain humain, à la façon d'une graine qui se développe dans du terreau ou d'un œuf qui devient ver dans un fromage, comme on l'avait cru immédiatement après les découvertes de Pasteur.

La maladie est vraiment la bataille de l'organisme vivant contre le germe pathogène.

L'agent morbifique a pénétré dans l'économie, qui se défend et cherche à l'expulser. Le microbe provoque l'homme. Mais c'est l'homme qui fait sa maladie. La maladie est constituée par la vie de l'homme, modifiée par la présence du microbe et la bataille nécessaire.

Quand la crise se produit, quand l'élimination du microbe se fait, c'est l'organisme humain qui fait sa guérison. Et, si notre thérapeutique a facilité ce résultat, c'est en aidant l'homme dans la bataille ; les médicaments apportent à l'organisme humain des projectiles et des munitions contre les microbes. Mais ils ne font pas plus et, quand le malade guérit c'est bien lui-même qui est l'auteur de sa guérison, comme c'est lui qui succombe, si le microbe est plus fort. En somme, l'antixénisme est une des caractéristiques les plus nettes et les mieux démontrées de la vie et des êtres vivants.

Il semble que ce chapitre nouveau de physiologie creuse singulièrement le fossé qui sépare les phénomènes vitaux des phénomènes physicochimiques, la biologie de la physicochimie.

On ne conçoit pas une machine, quelque perfectionnée qu'elle puisse être, qui ait en elle-même une force d'adaptation, de régulation, de défense et une force antixénique semblables.

Mon maître M. Alfred Fouillée l'a dit excellemment : « Un chronomètre a beau être fait pour marquer l'heure future : aucun de ses mouvements, à lui, n'enferme une finalité immanente ni ne tend à marquer l'heure. Il ne porte pas en lui-même un but qui se maintienne identique et suscite de nouveaux moyens quand les anciens manquent. Touchez à l'un quelconque de ses rouages, c'est fini ; l'heure ne sera plus marquée ; la roue qui tournait à gauche n'essaiera pas de tourner à droite pour continuer de poursuivre l'œuvre ; l'aiguille n'essaiera pas de s'appuyer sur un nouveau ressort pour pouvoir tourner. »

Rien, dans cette machine perfectionnée qu'est un chronomètre, ne rappelle celle action régulatrice, antixénique, thérapeutique, dont l'être vivant trouve le point de départ en lui-même.

Chez l'être vivant, continue M. Fouillée, la fin poursuivie reste la même, « alors que le mécanisme des moyens est altéré : le « chronomètre vivant continue de tendre à l'heure future, alors même qu'on lui a enlevé plusieurs de ses ressorts ; il supplée à l'un par l'autre, comme si le bien à venir agissait sur lui par l'intermédiaire du bien et du mal présents. Dans le chronomètre, tous les mouvements se déroulent et s'expliquent d'une manière adéquate, sans aucune considération de l'heure, tant du moins qu'on ne sort pas du chronomètre pour remonter à l'horloger. Au contraire, le besoin de vivre et de jouir, avec les mouvements corrélatifs, existe dans l'être vivant, non au dehors, et y devient le générateur même des autres mouvements. » Voilà bien la caractéristique de la vie.

L'individu vivant porte en soi non seulement une activité propre, mais aussi un but précis à cette activité : le maintien et la défense de sa vie contre le milieu nocif et l'accroissement de cette vie jusqu'à la génération d'un nouvel être vivant, semblable à celui dont il est lui-même sorti Et ceci est vrai de tous les êtres vivants, depuis le plus élevé jusqu'au plus humble. « Quelque petite qu'on suppose la quantité de vie obscure qui gît dans l'organisme rudimentaire, dit M. Liard, elle n'en manifeste pas moins un fait irréductible aux phénomènes inorganiques. » Si j'ai choisi mes exemples pour ma démonstration dans les termes les plus élevés de l'échelle vivante et chez l'homme, c'est que, toutes les grandes fonctions y étant différenciées, la constatation et l'analyse des phénomènes y sont beaucoup plus faciles que chez la plante on l'animal monocellulaire, chez l'amibe dont tous les appareils sont réunis et confondus dans une petite masse unique de protoplasma. Auguste Comte a très nettement exposé cette doctrine : « Le passage du monde inorganique au monde de la vie marque un point critique dans la philosophie naturelle… Dès que la vie apparaît, nous entrons dans un monde nouveau… Les phénomènes biologiques présentent un ensemble de caractères qui leur sont propres. La science positive qui les étudie a pour première obligation d'en respecter l'originalité… Avec la biologie, apparaissent nécessairement les idées de consensus, de hiérarchie, de milieu, de conditions d'existence, de rapport de l'état statique à l'état dynamique, d'organe et de fonction… ici, à l'inverse de ce qui se passe dans le monde inorganique, les parties ne sont intelligibles que par l'idée du tout… Dans les sciences du monde inorganique, on procède du cas le moins composé aux cas plus composés ; on commence par l'étude des phénomènes séparés les uns des autres ; mais les êtres vivants, au contraire, nous sont d'autant mieux connus qu'ils sont plus complexes. L'idée d'animal est plus claire pour nous que celle de végétal. L'idée des animaux supérieurs est plus claire que celle des animaux inférieurs. L'homme enfin est pour nous la principale unité biologique et c'est d'elle que part la spéculation dans cette science. »

Voilà une proposition, bien remarquable, qui fera accuser Auguste Comte d'anthropocentrisme par les savants qui, comme M. Le Dantec, veulent au contraire commencer toujours l'étude par le bas de l'échelle, par les êtres dont la vie est tellement obscure et réduite qu'on se demande s'ils vivent ou non, ou tout au moins si ce sont des végétaux ou des animaux.

A ces savants, Auguste Comte répondait d'avance : « Dès qu'il s'agit des caractères de l'animalité, nous devons partir de l'homme et voir comment ils se dégradent peu à peu, plutôt que de partir de l'éponge et de chercher comment ils se développent. La vie animale de l'homme nous aide à comprendre celle de l'éponge ; mais la réciproque n'est pas vraie. »

En somme, Comte conclut que « nous ne saurions jamais rattacher le monde organique au monde inorganique que par les lois fondamentales propres aux phénomènes généraux qui leur sont communs ; » et il déclare « irréductible » le « caractère biologique » des « phénomènes de la vie. »

C'est la conclusion de M. Emile Boutroux : « Les lois zoologiques ne sont pas ramenées aux lois physicochimiques, » et de Renouvier : « L'aphorisme célèbre de Leibniz, nisi intellectus ipse, prononcé à propos de la réduction des idées aux sensations, est également vrai comme un nisi ipsa vita appliqué à la réduction de la physiologie au mécanisme. »

« Je suis, dit M. Bergson, unité multiple et multiplicité une... l'évolution de la vie dans la double direction de l'individualité et de l'association n'a rien d'accidentel. Elle tient à l'essence même de la vie. »

Bien n'est plus vrai.

Je l'ai dit plus haut pour les leucocytes, et cela peut se généraliser : chacun des éléments cellulaires de nos tissus forme une unité vitale ; tous ces individus élémentaires, par leur association, forment l'homme, l'animal, la plante ; ces nouvelles unités, à leur tour, s'associent et forment l'espèce, unité vitale supérieure. Enfin, le monde vivant tout entier (animaux et végétaux) a son unité bien remarquable et bien définie.

Le cercle de la vie individuelle a son complément dans le cycle de la matière à travers la totalité des êtres vivants.

Ainsi on sait que l'homme et les animaux tirent leur force et leur énergie des aliments hydrocarbonés, qu'ils brûlent et transforment en chaleur et en activité musculaire : ce qui a fait dire que ces aliments sont des « accumulateurs d'énergie. » Mais, en dégageant et en utilisant ainsi cette énergie accumulée, les animaux détruisent ces hydrocarbones et ne rejettent dans l'atmosphère que de l'eau et de l'acide carbonique.

Comment, par quel mécanisme et dans quel lieu cette eau et cet acide carbonique prennent-ils, accumulent-ils de l'énergie et reforment-ils ces substances hydrocarbonées nécessaires à l'activité animale ? C'est le monde végétal et le soleil qui opèrent cette régénération nécessaire à la vie animale.

Les plantes à chlorophylle, exposées à la lumière, absorbent l'acide carbonique de l'atmosphère, fixent le carbone et forment l'amidon et les hydrocarbones que l'animal retrouve dans ses aliments. Ce stade végétal du cycle du carbone ne s'accomplit qu'à la lumière (dans l'obscurité, la plante fonctionne comme l'animal). Le stade de reconstitution utile pour l'animal est donc la vie végétale à la lumière ; le grand agent de ce stade est donc le soleil.

Et ainsi le cycle du carbone apparaît comme formé de deux grandes périodes : 1° Stade d'accumulation d'énergie : sous l'influence de la lumière, les végétaux font avec l'eau et l'acide carbonique de l'atmosphère (aqueuse et aérienne) des hydrocarbones et de l'oxygène ; 2° Stade de libération d'énergie : les animaux font avec l'oxygène et les hydrocarbones de l'acide carbonique et de l'oxygène. Dans ce second stade, l'énergie chimique est libérée, tandis que dans le premier elle était empruntée à la lumière solaire et accumulée. C'est ainsi que la force de nos contractions musculaires est empruntée au soleil par l'intermédiaire des végétaux vivants.

J'emprunterai le second exemple au cycle, à travers le monde vivant, de l'azote des matières albuminoïdes.

L'homme détruit les matières albuminoïdes comme il détruit les hydrocarbones. Comment ces albuminoïdes se reconstituent-elles ?

Par l'intermédiaire des végétaux, de la terre, de l'air et des microbes (végétaux microscopiques) de la décomposition organique. Les microbes de la terre semblent être les premiers agents de la transformation de l'azote en produits (nitriques, ammoniacaux) qui sont ensuite transformés par les végétaux plus élevés en matières albuminoïdes. Certains végétaux (légumineuses) peuvent faire directement des albuminoïdes avec l'azote de l'atmosphère ; mais ces végétaux portent, sur leurs racines, des microbes qui doivent collaborer à cette transformation.

Ces albuminoïdes végétales nourrissent les animaux qui en font les albuminoïdes animales, et l'homme emprunte ses albuminoïdes à sa double alimentation, végétale et animale.

Les produits de transformation intra-animale des albuminoïdes, l'urée par exemple, donnent du carbonate d'ammoniaque et des nitrates, et le cycle recommence, les microbes de la putréfaction intervenant à leur tour... C'est comme pour les hydrocarbones, le cercle formé par les végétaux et les animaux : seulement ici, l'air, la terre et les microbes remplacent le soleil.

Ainsi s'affirme dans le monde vivant tout entier, pris dans son ensemble, le caractère qui apparaît en dernière analyse comme le caractère essentiel et primordial de la vie, partout où on la rencontre et quelle que soit la forme sous laquelle elle se présente : l'ordre dans le mouvement, l'unité de but et de fin dans la mobilité (caractère à mettre à côté, de l'unité dans la complexité, déjà étudiée).

« La vie en général, dit M. Bergson, est la mobilité même. » C'est parfaitement exact, à condition d'ajouter immédiatement que c'est une mobilité ordonnée.

La matière brute a bien son unité, son individualité si on veut, mais dans l'immobilité. Une pierre reste elle-même, un phosphate ou un chlorure reste lui-même, tant qu'il n'y a aucun changement en eux. Dès que les circonstances physicochimiques qui les ont produits et les maintiennent, changent, ils se transforment et deviennent une unité tout autre : carbonate, eau... Ces changements exclusivement commandés par les circonstances physicochimiques extérieures n'obéissent à aucune direction autochtone, endogène, venue de l'intérieur du caillou lui-même.

Chez l'être vivant il en est tout autrement ; tant qu'il vit, il change, il se transforme ; c'est un mouvement continuel qui ne cesse qu'à la mort, et, si, au lieu d'envisager les individus, on considère le monde vivant tout entier, on peut dire que c'est le mouvement perpétuel. Mais ce mouvement n'est pas exclusivement commandé par les circonstances physicochimiques extérieures ; il est réglé par une cause intérieure qui maintient l'unité de l'individu et la fixité de l'espèce à travers toutes ces mutations incessantes.

Voilà vraiment ce qui, en dernière analyse, spécifie l'être vivant et le distingue de la matière brute : il est complexe et mobile, tout en restant un et individuel.

Claude Bernard avait très bien reconnu et décrit cette caractéristique de la vie. « La vie, dit-il, c'est une idée ; c'est l'idée du résultat commun pour lequel sont associés et disciplinés tous les éléments anatomiques, l'idée de l'harmonie qui résulte de leur concert, de l'ordre qui règne dans leur action… Ce qui caractérise la machine vivante, ce n'est pas la nature de ses propriétés physicochimiques, c'est la création de cette machine d'après une idée définie… Ce groupement se fait par suite des lois qui régissent les propriétés physicochimiques de la matière ; mais ce qui est essentiellement du domaine de la vie, ce qui n'appartient ni à la physique ni à la chimie, c'est l'idée directrice de cette évolution vitale. »

Ailleurs : « Ici comme partout, tout dérive de l'idée qui seule crée et dirige ; les moyens de manifestation sont communs à toute la nature et restent confondus pêle-mêle comme les caractères de l'alphabet, dans une boîte où une force va les chercher pour exprimer les pensées ou les mécanismes les plus divers… La force vitale dirige des phénomènes qu'elle ne produit pas. »

Et enfin : « Arrivés au terme de nos études, nous voyons qu'elles nous imposent une conclusion très générale, fruit de l'expérience, c'est à savoir qu'entre les deux écoles qui font, des phénomènes vitaux, quelque chose d'absolument distinct des phénomènes physicochimiques et quelque chose de tout à fait identique à eux, il y a place pour une troisième doctrine, celle du vitalisme physique, qui tient compte de ce qu'il y a de spécial dans les manifestations de la vie et de ce qu'il y a de conforme à l'action des forces générales. »

Ce qu'il y a de spécial à la vie et aux êtres vivants, c'est bien l'idée directrice, comme dit Claude Bernard, l'idée-force, dirait Alfred Fouillée, et cette idée directrice, c'est l'idée de la conservation de la vie de l'individu et de l'espèce. Voilà ce qui fait l'unité de l'individu dans la complexité de son organisme et ce qui maintient sa fixité dans la mobilité de son fonctionnement.

Cette conclusion conduit, comme à un corollaire tout naturel, à la proposition suivante qui exprime la thèse même indiquée en tête de cet article : il est scientifiquement permis, après les merveilleuses découvertes de la physiologie et de la physicochimie, de maintenir l'ancienne conception vitaliste de la vie, d'après laquelle les phénomènes vitaux ne peuvent pas être identifiés aux phénomènes physicochimiques et la biologie doit être distinguée de la physicochimie.

Je ferai remarquer, en terminant, que je suis resté constamment sur le seul terrain scientifique sans aborder le terrain philosophique sur lequel je ne me serais reconnu ni solidité, ni compétence et je tiens bien à faire reconnaître que la question scientifique du vitalisme est différente de la question philosophique.

Le « point de vue de la philosophie, » dit M. Bergson, est « tout autre » que celui « de la science. »

Rien ne démontre mieux la vérité de ce principe que la lecture même du beau livre dans lequel M. Bergson a étudié « l'évolution créatrice. »

Au point de vue scientifique, l'éminent philosophe développe des idées très analogues à celles qui ont été exposées dans cet article. Il admet notamment et analyse le double caractère indiqué plus haut de la mobilité dans la fixité et de la complexité dans l'unité.

« Le corps vivant, dit-il, a été isolé et clos par la nature elle-même. Il se compose de parties hétérogènes qui se complètent les unes les autres. Il accomplit des fonctions diverses qui s'impliquent les unes les autres. C'est un individu et d'aucun autre objet, pas même du cristal, on ne peut en dire autant, puisqu'un cristal n'a ni hétérogénéité de parties, ni diversité de fonctions. » Il développe les raisons qui l'empêchent « d'assimiler l'être vivant, système clos par la nature, aux systèmes que notre science isole. » Il admet un « élan originel de la vie, passant d'une génération de germes à la génération suivante de germes par l'intermédiaire des organismes développés qui forment entre les germes Je trait d'union… La vie est tendance, et l'essence d'une tendance est de se développer, en forme de gerbe, créant, par le seul fait de sa croissance, des directions divergentes entre lesquelles se partagera son élan… » Il montre « chaque génération penchée sur celle qui la suivra… L'être vivant est surtout un lieu de passage, et l'essentiel de la vie tient dans le mouvement qui la transmet… »

Ceci suffit pour montrer qu'il n'y a pas de divergence sensible au point de vue scientifique, entre les idées de M. Bergson et la thèse développée dans cet article. Mais la partie la plus importante de l'évolution créatrice a trait au point de vue philosophique, et là, nous ne suivrons pas l'auteur ; et ne discuterons pas la finalité et le mécanisme, la signification de la vie… En restant ainsi sur le seul terrain scientifique, je suis, beaucoup plus qu'on ne le croit généralement, la tradition montpelliéraine et spécialement l'enseignement de notre grand Barthez.

Barthez, qui symbolise glorieusement notre vitalisme (comme sa statue garde la porte de notre Ecole), Barthez n'a jamais voulu traiter que la question biologique, nous dirions aujourd'hui la question positive ; il s'est toujours refusé à étudier la question métaphysique, laissant ce soin à d'autres.

Il ne pouvait d'ailleurs pas faire autrement. « Erudit de premier ordre, comme dit M. Dastre, collaborateur de d'Alembert pour l'Encyclopédie, » il a introduit la philosophie inductive dans la médecine. Cette méthode, dit Bouisson, « cette méthode rajeunie par Bacon, qui en avait fait un nouvel instrument de progrès, parut à Barthez le meilleur moyen de tirer la médecine du joug des théories où elle se débattait et de la remettre dans le courant naturel des progrès dont les sciences physiques et naturelles donnaient l'exemple. »

Une pareille méthode ne pouvait conduire qu'à des résultats expérimentaux, ne préjugeant rien des solutions métaphysiques possibles. La chose est bien mise en lumière dans le passage suivant de Barthez qui est capital et a en quelque sorte une valeur historique :

« La philosophie naturelle a pour objet la recherche des causes et des phénomènes de la nature, mais seulement en tant qu'elles peuvent être connues par l'expérience. L'expérience ne peut nous faire connaître en quoi consiste essentiellement l'action d'une de ces causes quelconques (comme par exemple celle du mouvement des corps qui est produit par l'impulsion) et elle ne peut manifester que l'ordre et la règle que suivent, dans leur succession, les phénomènes qui indiquent celle cause. On entend par cause ce qui fait que tel fait vient toujours à la suite de tel autre ; ou ce dont l'action rend nécessaire cette succession, qui est d'ailleurs supposée constante… Dans la philosophie naturelle, on ne peut connaître les causes générales que par les lois que l'expérience réduite en calcul a découvertes dans la succession des phénomènes. On peut donner à ces causes générales, que j'appelle expérimentales et qui ne sont connues que par leurs lois que donne l'expérience, les noms synonymes et pareillement indéterminés de principe, de puissance, de force, de faculté, etc. Toute explication des phénomènes naturels ne peut en indiquer que la cause expérimentale. Expliquer un phénomène se réduit toujours à faire voir que les faits qu'il présente se suivent dans un ordre analogue à l'ordre de succession d'autres faits qui sont plus familiers et qui, dès lors, semblent être plus connus... Dans toute science naturelle, les hypothèses qui ne sont pas déduites des faits propres à cette science et qui ne sont que des conjectures sur les affections possibles d'une cause occulte, doivent être regardées comme contraires à la bonne méthode de philosopher. »

Voilà en quelque sorte la profession de foi du vitalisme de Barthez ; c'est le nôtre.

Ainsi compris, le vitalisme est une doctrine positive, biologique, laissant intacte et en dehors toute discussion métaphysique. Si les mots faculté, principe, force, sont parfois employés, c'est pour la commodité du langage, mais dans un sens indéterminé, non comme la désignation ontologique d'une cause occulte.

On peut rapprocher de ce passage de Barthez la phrase suivante de Claude Bernard : « L'obscure notion de cause doit être reportée à l'origine des choses... Elle doit faire place, dans la science, à la notion du rapport[1] et des conditions. Le déterminisme fixe les conditions des phénomènes... »

Voilà le vitalisme vrai, celui dont j'ai pu dire que le XIXe siècle l'avait conduit, de sa forme philosophique et synthétique personnifiée par Barthez et par Bichat, à sa forme expérimentale et analytique personnifiée par Laennec, Claude Bernard et Pasteur.

---

1 Dans un grand discours sur le principe vital (1792), Barthez dit : « La meilleure manière de philosopher, celle du moins qui peut être pour l'esprit un exercice utile, consiste à omettre l'essence des choses et à débattre les liens et les rapports des phénomènes. »

ISBN : 978-1981458462